Bibliografische Information der Deutschen Nationalbibliothek:

Die Deutsche Bibliothek verzeichnet diese Publikation in der Deutschen National-
bibliografie; detaillierte bibliografische Daten sind im Internet über http://dnb.d-
nb.de/ abrufbar.

Impressum:

Copyright © 2018 GRIN Verlag
Druck und Bindung: Books on Demand GmbH, Norderstedt Germany
ISBN: 9783668926820

Dieses Buch bei GRIN:

https://www.grin.com/document/463552

Alexander Däubler

Quarks. Eine Analyse ihrer Eigenschaften und Entdeckungsgeschichte

GRIN Verlag

SEMINARARBEIT

Leitfach: *Physik*
Rahmenthema des wissenschaftspropädeutischen Seminars:
Faszination Teilchenphysik

Thema der Arbeit:

Quarks

Verfasser:
Abgabetermin:

Alexander Wilhelm Däubler
6. November 2018

Inhaltsverzeichnis

<u>1. Einleitung: Die scheinbar ewige Suche</u>

Öffnet man ein Portal, so führt es nur zu zwei weiteren deren Schlüssel man finden muss. Diesen einerseits beklemmenden, andererseits wundervollen Grundsatz muss sich jeder Forscher, der auf der Suche nach Antworten den Kosmos durchstreift, unterwerfen. Auch bei der Suche nach den elementaren Bausteinen der Existenz stellte diese Regel Forscher und Gelehrte auf die Probe. Schon seit Tausenden von Jahren verspricht man sich von der Antwort auf die Frage nach den elementaren Teilchen unvorstellbare Macht, egal ob man nach der Kraft der Götter oder einer vereinheitlichten Theorie strebt. Jedoch seitdem diese Frage zum ersten Mal gestellt wurde, ist viel Zeit vergangen und wir sind uns immer noch nicht sicher, ob wir der Antwort nähergekommen sind, als manche Schamanen, die von Feuer, Erde, Wasser und Wind als grundlegende Bestandteile von allem, was existiert, sprechen. Natürlich haben wir seitdem zahlreiche Fortschritte gemacht. Es begann mit Demokrit, welcher schon zur Zeit des antiken Griechenlands von „Atomos" sprach und damit das erste Mal unteilbare Teilchen postulierte, welche die Grundbausteine von allen Dingen sein sollten.[1] Es brauchte lange, bis diese Theorie anerkannt wurde, doch heute ist sie allgemein anerkannt und es ist sogar möglich, die Existenz von Atomen mit bloßem Auge zu bestätigen. Dabei macht man sich die Brownsche Bewegung zu nutze. Man gibt nur eine flache Schicht Wasser auf einen Objektträger und platziert ein winziges Molekül, „Kolloid" genannt, auf der Oberfläche. Dann kann man durch ein Elektronenmikroskop eine Bewegung erkennen. Um zu verstehen wie diese Bewegung zustande kommt, muss man sich nur ein Konzert mit vielen Besuchern vorstellen. Die Besucher des Konzerts sind alle voll Euphorie und hüpfen mit den Armen gen Himmel rhythmisch zur Musik. Wirft man jetzt einen großen Ball in die Menge bewegt er sich durch das Geschubse unregelmäßig. Eben so wird das Kolloid durch die Atome im Wasser bewegt und die Bewegungen des Kolloids kann man mit dem Auge verfolgen[2]. Natürlich gibt es noch viele andere, stichhaltigere Beweise für die Atom-Theorie, jedoch hört es bei den Atomen nicht auf.

Dank der Arbeiten von Rutherford und anderen stießen wir in noch kleinere Dimensionen vor und entdeckten die Nukleonen und Elektronen. Doch trotz des-

---

[1] https://www.frustfrei-lernen.de/chemie/demokrit-atommodell.html
[2] Feynman 2017, S. 65-66

sen, dass wir uns nun bei einem geschätzten Radius von 1×10^{-15}m befinden, geht es noch kleiner[3]. Schlussendlich gelangen wir nun zu den Quarks, welche so klein sind, dass man nicht einmal wirklich weiß wie klein, jedoch schätzt man ihren Radius auf maximal 1×10^{-18}m[4]. Eine Zahl so klein, dass man sie sich ähnlich wie die Größe des Kosmos kaum vorzustellen vermag.

Sind Quarks nun die Letzten in einer langen Reihe von Kandidaten für die elementarsten Teilchen, oder geht es noch kleiner?

Genau das ist Teil der Forschung, die sich mit Quarks auseinandersetzt.

Jedoch wissen wir noch nicht genug über Quarks an sich und deren Verhalten untereinander, um die genauere Forschung über die inneren Vorgänge eines Baryons aufzugeben. Eventuell gibt es noch kleinere Teilchen, jedoch ist die Zeit zur Suche nach ihnen noch nicht gekommen, denn das Konzept der Quarks als strukturlose Teilchen funktioniert. Jedenfalls bis jetzt.

Quarks sind uns in vielerlei Hinsicht noch ein Rätsel, doch einige ihrer Mysterien konnten wir bereits lüften und bei all den anderen stehen wir kurz davor.

Beginnen wir am Anfang.

---

[3] Meyer 2007, S. 62
[4] Meyer 2007, S. 62

2. Entdeckung der Quarks
2.1 Warum die Suche nach Quarks?

Eine berechtigte Frage, immerhin funktionierte alles mit dem bisherigen Modell sehr gut. Die Theorie der Hadronen als kleinste Bausteine war elegant, was Physikern sehr wichtig ist, aber noch viel wichtiger, sie funktionierte in den meisten aller Fällen.

Jedoch gab es drei Anomalien, die die Physiker der damaligen Zeit stutzig werden ließen.[5]

Zum einen gab es eine exorbitant hohe Menge an „kleinsten" Teilchen. „(...) mehr als 300 gleichwertige Objekte und Grundbausteine der Materie [gab es zur damaligen Zeit schon und es war in näherer Zukunft kein Ende in Sicht]"[6]. Es war nicht nur eine unelegante Lösung, sondern auch unerklärbar, weshalb es so viele Grundbausteine der Materie geben sollte. Doch dieser Umstand konnte trotz der geringen Wahrscheinlichkeit eine Laune der Natur sein, immerhin hat niemand eine Ahnung, wie wir uns den Aufbau des Kosmos vorstellen können. Denn es gibt auf solchen Größenskalen keine Anhaltspunkte mehr an denen man sich orientieren könnte und umso tiefer man vordringt, umso fantastischer wird es. Neben der großen Menge an Elementarbausteinen als offensichtlichstes Problem stieß man bei Experimenten an Teilchenbeschleunigern auf zwei weitere Probleme. Als man nämlich einzelne Nukleonen, also Neutronen oder Protonen, mit hochenergetischen Elektronen beschoss, wich der Wirkungsquerschnitt der Streuung der Elektronen von den prognostizierten Werten ab.[7] Spricht man hier von dem Wirkungsquerschnitt eines Teilchens ist kurzgesagt die Trefferfläche des Teilchens gemeint. Genauer gesagt handelt es sich bei dem Wirkungsquerschnitt σ um die Wahrscheinlichkeit das zwischen dem einfallenden Teilchen und dem Target (hier das Nukleon als Target und Elektronen als einfallende Teilchen) eine Reaktion, also Streuung, Absorption, und so weiter, stattfindet.[8] Der beobachtete Wirkungsquerschnitt glich dem einer Streuung an strukturierten Objekten. Das war jedoch nicht möglich, denn wenn ein Objekt strukturiert ist, bedeutet das, dass es aus mehreren Bauteilen aufgebaut ist.

---

[5] Hänsel 1995, S. 559
[6] Hänsel 1995, S. 559
[7] Hänsel 1995, S. 559
[8] https://physik.cosmos-indirekt.de/Physik-Schule/Wirkungsquerschnitt

Das kann man sich in etwa folgendermaßen vorstellen. Grob gesehen ist eine Backsteinmauer strukturiert, da sie ja aus mehreren Backsteinen aufgebaut ist. Eine Betonwand jedoch wurde aus einer Masse gegossen, ist so gesehen also strukturlos. Dieser Vergleich ist selbstverständlich nicht einwandfrei, da man auch eine Betonwand zertrümmern kann, er dient jedoch nur zur Veranschaulichung.

Der gemessene Wirkungsquerschnitt war der eines strukturierten Teilchens, jedoch ist eine Voraussetzung für den elementarsten aller Bausteine, dass er unteilbar ist. Ein strukturierter Körper ist jedoch teilbar und kann somit unmöglich der kleinste Baustein sein.

Außerdem wurden bei eben diesen Experimenten sogenannte Baryonenresonanzen nachgewiesen, welche den Verdacht auf Quarks als Baryonenbausteine noch einmal erhärteten.[9] Spricht man von Resonanzen ist damit ein angeregter Energiezustand des beobachteten Teilchens gemeint.[10] Baryonenresonanzen sind somit angeregte Energiezustände in zum Beispiel Protonen oder Neutronen. Das kann man sich dann in etwa so vorstellen:

Man stelle sich einen Topf voll Wasser vor. Wird dieser erhitzt, also angeregt, dann schwingen die Wassermoleküle in ihm mehr und mehr. Irgendwann sind die Wassermoleküle dann heiß genug, bewegen sich also so stark, dass sie die molekularen Bindungen überwinden und sich die Flüssigkeit in Wasserdampf verwandelt. Sieht man sich nun den Wasserdampf an, hat man immer noch dieselben Wassermoleküle vor sich, auch wenn sie sich nicht mehr in derselben Form, oder demselben Aggregatszustand befinden, wie am Anfang des Gedankenexperiments. Der Wasserdampf ist also ein angeregter Energiezustand des Wassers. Wie im eben genannten Beispiel kann man sich auch den angeregten Zustand eines Protons vorstellen. Jedoch ist hierbei das Proton nicht eines der Wassermoleküle, sondern die gesamte Flüssigkeit. Bei der Entdeckung von Baryonenresonanzen fand man also, wenn man den Vergleich beibehält, eine Menge an Gas anstatt einer Flüssigkeit vor. Zuvor war man der Meinung, dass es sowieso nur einen Zustand für Nukleonen geben kann, doch bei den Kollisionen im Experiment wurden eindeutig Resonanzen und somit innere Energiezustände der Protonen belegt. Das Problem dabei ist, dass ein strukturloses

---

[9] Hänsel 1995, S. 559
[10] http://erlangen.physicsmasterclasses.org/msm_wirkq/msm_wirkq_zus3.html

Gebilde keine angeregten Zustände haben kann.[11] Es selbst kann mit anderen seiner Größenordnung angeregt werden, jedoch kann man den Zustand eines strukturlosen Teilchens selbst nicht verändern. Das wiederspricht sich ja von selbst, wenn man die Struktur eines eigentlich Strukturlosen Objekts verändern will.

2.2 Technische Probleme und deren Lösung

Somit hatte man also drei triftige Gründe dafür, dass Protonen und andere Baryonen aus noch kleineren Teilchen aufgebaut sein müssen. Obwohl es zu dieser Zeit, also etwa in den 1960ern schon Experimente an Teilchenbeschleunigern gab, welche Baryonenresonanzen festgestellt hatten, konnte man die Quarks als Bausteine der Nukleonen nicht direkt feststellen.[12] Dafür waren die Energien, welche die damaligen Teilchenbeschleuniger aufbringen konnten einfach zu klein. Denn Elektronen müssen eine bestimmte Geschwindigkeit erreichen um die für den direkten Nachweis der Quarks erforderlichen Energien zu erreichen. Dazu waren selbst die fortschrittlichsten Teilchenbeschleuniger der damaligen Zeit noch nicht in der Lage.[13]

Doch woran liegt es, dass man solch hochenergetische Elektronen zum direkten Nachweis benötigt, obwohl man die Quarks schon indirekt festgestellt hatte? Das liegt vor allem an dem Welle-Teilchen-Dualismus. Der Welle-Teilchen-Dualismus sagt aus, dass sich Teilchen bei ihren Bewegungen sowohl wie eine Welle als auch ein Teilchen verhalten. Diese Theorie wurde mit dem berühmten Doppelspaltexperiment nachgewiesen.[14] Wenn man jedoch an den Welle-Teilchen-Dualismus denkt, denkt man vor allem an Photonen, also das Licht. Doch der Physiker mit dem Namen de Broglie spann diese Idee weiter. Er untersuchte Einsteins Formel und das Äquivalenzprinzip und stieß dabei auf Probleme bei der Lokalisierung von Energie und Masse. So erweiterte er den Welle-Teilchen-Dualismus auf alle existierenden Teilchen. Diese Hypothese nachzuweisen stellte sich jedoch als äußerst schwierig heraus, da die Wellenlänge eines Teilchens umso massereicher es ist, umso kleiner ist. Die Wellenlängen des Elektrons lagen jedoch im Bereich des möglich messbaren und so wurde

---

[11] Hänsel 1995, S. 559
[12] Musiol 1988, S 36
[13] Hänsel 1995, S. 559
[14] http://daten.didaktikchemie.uni-bayreuth.de/umat/welle-teilchen/welle-teilchen.html

de Broglies Theorie bestätigt. Um sogenannte Materiewellenlängen zu errechnen stellte er eine Formel auf:

$$\lambda = \frac{h}{p}$$

Wobei λ für die Wellenlänge des Teilchens steht, h die Planck-Konstante verkörpert und p der Impuls ist.

Mit dieser Formel wird also eine Verknüpfung der Wellenlänge mit dem Impuls p hergestellt.[15]

Dies ist auch die Erklärung für die Notwendigkeit solch hoher Energien bei den Experimenten. Wie auch bei der Objekterkennung mit Licht, braucht man eine bestimmte Wellenlänge der Elektronen, um bestimmte Objekte wahrnehmen zu können. Wir benutzen zum Beispiel Röntgenstrahlung um das Innere unserer Körper untersuchen zu können, also eine hochenergetische Strahlung. Im Fall der Quarks braucht man nun eben hochenergetische Teilchenstrahlung, um sie „sichtbar" zu machen. Elektronen waren als einfallende Teilchen von Anfang an sicher, denn Elektronen sind die unkompliziertesten Teilchen mit Ruhemasse. Bosonen, zum Beispiel Photonen, haben meist keine Masse. Diejenigen Bosonen welche Masse besitzen sind jedoch nicht für Experimente geeignet, da sie beispielsweise zu instabil sind. Somit waren diese als Teilchen für die Einfallende Strahlung weggefallen. Hadronen waren viel zu komplex, denn man versuchte ja die Struktur der Hadronen zu erforschen und man kann ja schließlich nicht Unbekanntes mit Unbekanntem beschießen und sich dann einbilden, man könne die Ergebnisse auswerten. Dann blieben also nur noch die Elektronen. Diese waren prädestiniert für diese Aufgabe. Denn mit einer Punktladung und Punktmasse und einer Größe im Bereich von $1\text{x}10^{-18}$m waren sie die idealen Kandidaten.[16]

---

[15] Grehn 2010, S. 16
[16] Hänsel 1995, S. 559

Nun hatte man also alle Teilchen, die am Experiment teilnehmen würden und konnte mit der de Broglie-Wellenlängen Formel auf die nötigen Energien der Elektronen schließen. Denn die de Broglie Wellenlänge der Elektronen musste mit der geschätzten Größe der Quarks übereinstimmen. Die Größe der Quarks und damit die Wellenlänge und die Planck-Konstante waren gegeben und somit konnte man die Formel in:

$$p = \frac{h}{\lambda}$$

umformen und somit auf den nötigen Impuls auflösen. Da hierbei Energien im GeV-Bereich prognostiziert wurden, mussten jedoch erstmal ein Teilchenbeschleuniger gebaut werden, der dies leisten konnte, um schlüssige Ergebnisse erzielen zu können.

Dieser Traum ging in den 1970ern mit dem Bau des Elektronenlinearbeschleunigers in Stanford in Erfüllung.[17]

---

[17] Hänsel 1995, S. 559

<u>2.3 Das Experiment</u>

Nach der Fertigstellung des Elektronenlinearbeschleunigers hatte man nun also endlich die technischen Voraussetzungen geschaffen, um einen Versuch zu starten die Quarks experimentell nachzuweisen. Jerome Isaac Friedman, Henry Way Kendall und Richard Taylor, welche 1990 zusammen mit dem Nobelpreis für diese Arbeit ausgezeichnet wurden, waren die federführenden Wissenschaftler für diesen Versuch.[18] „Ein Strahl hochbeschleunigter Elektronen der Energie W_0 fällt auf ein Wasserstofftarget und wird an dessen Protonen gestreut. Mit einem Detektor D werden die Teilchenstromdichte und die Energie der in die Richtung ϑ gestreuten Elektronen gemessen."[19]

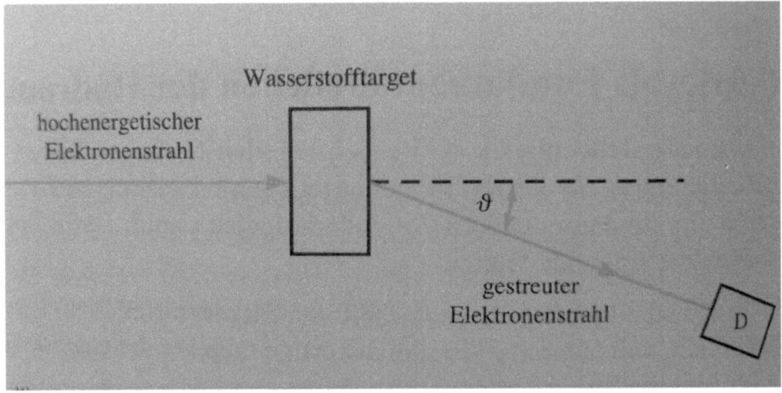

Abb. 1: Versuchsaufbau (schematisch) Quelle: Hänsel 1995, S. 560

Von der Machart ähnelt dieser Versuchsaufbau stark dem von Ernest Rutherford zur Erforschung der Atomstruktur. Rutherford benutzte damals einen α-Strahler um positiv geladene Helium-Kerne auf eine Goldfolie zu schießen, um die Folie herum diente ein Fotopapier als Detektor.[20] Eine Ähnlichkeit zwischen den Versuchsaufbauten findet man zum Beispiel in der Position des Detektors, dessen Position und vor allem $\vartheta = 10°$ wählten die Wissenschaftler aus dem gleichen Grund weshalb Rutherford einen Runden Fotoschirm benutzte anstatt eines normalen. Rutherford versuchte damals zu beweisen das ein Atom eine innere Struktur hat, das gelang ihm indem er α-Teilchen auf Atome schoss.

---

[18] https://www.zeit.de/1990/44/klein-kleiner-am-kleinsten
[19] Hänsel 1995, S. 559
[20] Meyer 2007, S. 58

Denn bei diesem Versuch gingen die α-Teilchen nicht immer geradewegs durch die Atome auf der Goldfolie hindurch. Viele der α-Teilchen wurden stark abgelenkt und diese starke Ablenkung war für Rutherford der Beweis für die innere Struktur der Atome.[21] Diese Ablenkung entstand aber nicht durch eine tatsächliche Kollision der Teilchen. Die Ablenkung der Teilchen entstand durch die elektromagnetischen Wechselwirkungen zwischen den Protonen und den Elektronen. Die starken Ablenkungen entstanden jedoch durch die Protonen an sich, also an Ladungskonzentrationen innerhalb des Atomkerns. Es gibt nämlich Unterschiede bei der Stärke der Ablenkung. Wenn ein geladenes Teilchen in ein Feld mit gleich verteilter Ladungen geschossen wird ist die Ablenkung schwächer als wenn es in ein Feld mit Ladungskonzentrationen geschossen wird.[22] Damit kann man die Positionen der Detektoren ableiten.

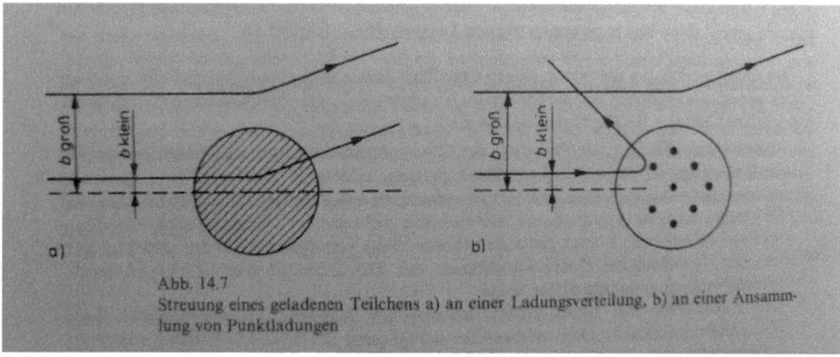

Abb. 2 Streuung eines geladenen Teilchens an einer Ladung   Quelle: Musiol 1988, S. 880

Trotz des doch in die Jahre gekommenen Vorbildes lieferte das Experiment eindeutige Ergebnisse, wie dieses Diagramm zeigt.

---

[21] Meyer 2007, S. 58
[22] Bethge 1986, S 147

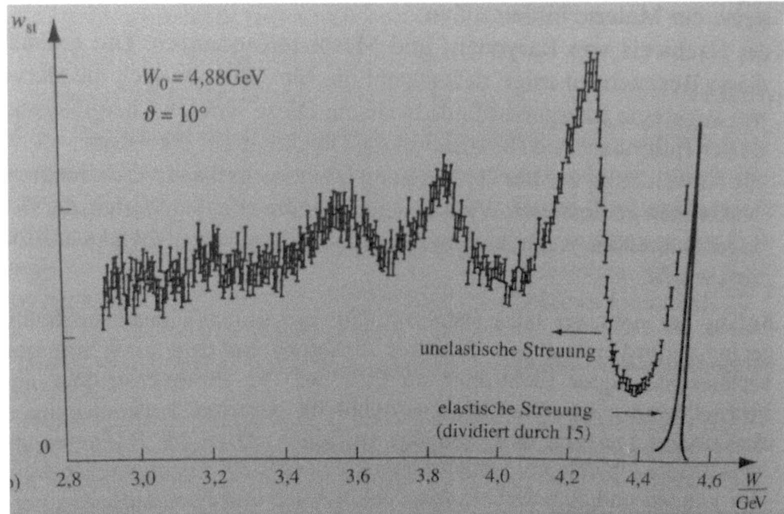

Abb. 3 Diagramm der Streuwahrscheinlichkeit w_{St} in Abhängigkeit ihrer Energie W für den Streuwinkel $\vartheta = 10^0$ Quelle: Hänsel 1995, S. 560

Das Diagramm zeigt die Messung des Detektors D. „[Das Diagramm] gibt in Abhängigkeit von der Energie W_{st} der gestreuten Elektronen die gemessene Wahrscheinlichkeit w_{st} dafür wieder, dass die mit der Energie W_0 einfallenden Elektronen in die Richtung $\vartheta = 10°$ gestreut werden."[23] Dabei sagt der Graph vor allem aus, ob es sich um eine elastische oder unelastische Streuung am Wasserstofftarget handelt. Bei diesem Experiment suchte man nach unelastischer Streuung und damit einem empirischen Beweis für die Existenz der Quarks. Kann man unelastische Streuung nachweißen, wäre dies ein Beweis für Baryonenresonanzen und damit für die innere Struktur des Protons. Denn bei unelastischer Streuung wird ein Teil der kinetischen Energie des Elektrons beim Aufprall auf die inneren Strukturen des Protons abgegeben. Bei elastischer Streuung wiederum geht keine kinetische Energie verloren.[24] Findet man also einen Beweis für unelastische Streuung hat man die innere Struktur des Protons nachgewiesen. Betrachtet man nun den Graphen, fallen zwei starke Maxima auf. Das Maximum zwischen 4,4 GeV und 4,6 GeV wird durch die elastische Streuung erzeugt. Der Energiewert liegt nur deshalb unter W_0=4,88 GeV,

---

[23] Hänsel 1995, S. 559-560
[24] http://erlangen.physicsmasterclasses.org/lexikondf.html

also der ursprünglichen Energie des Elektrons, weil die Rückstoßenergie der Protonen mit einberechnet werden muss. Alle Werte vor dem Maxima bei etwa 4,5 GeV zählen zur unelastischen Streuung. Diese Elektronen haben mehr Energie verloren als es durch die Rückstoßenergie der Protonen möglich wäre. Das bedeutet diese Werte verkörpern angeregte Quarkzustände, die durch den Elektronenbeschuss erzeugt werden. Man spricht bei diesen angeregten Zuständen auch von den schon vorher genannten Baryonenresonanzen.[25] Das Maximum bei etwa 4,2 GeV zeigt zum Beispiel die Protonenresonanz $\Delta(1232)$ an.[26] Damit wurde also bewiesen, dass die theoretisch vorhergesagten Quarks, oder Partonen wie man sie zuvor nannte[27], existieren.

---

[25] Musiol 1988, S. 36
[26] Hänsel 1995, S. 561
[27] Musiol 1988, S. 880

Doch die Erforschung der Quarks endete nicht mit ihrer Entdeckung, denn allein bei einer genaueren Auswertung des schon durchgeführten Experiments konnte man auf viele Eigenschaften der Quarks schließen. Mit ein paar zusätzlichen Experimenten an Nukleonen konnte man schließlich alle grundlegenden Eigenschaften der Quarks zusammenfassen. Um genauere Aussagen treffen zu können, bildete man entweder den Formfaktor oder die Strukturformel zu den jeweiligen Experimenten. Das bedeutet „Man bildet (...) den Quotienten aus dem differentiellen Wirkungsquerschnitt, der für ein punktförmiges Targetteilchen berechnet wird und demjenigen den man für das strukturierte Targetteilchen unter sonst gleichen Bedingungen [!]mißt."[28] Benutzt man diese Formel bei elastischer Streuung, dann nennt man sie Formfaktor. Betrachtet man sie bei tief unelastischer Streuung, nennt man sie Strukturformel. Natürlich unterscheiden sie sich auch im Aufbau. Die Strukturformel ähnelt dem Formfaktor sehr. Nur die Energie des gestreuten Elektrons und der Energieverlust sind als zusätzliche Variablen mitinbegriffen.[29] Aus der Diskussion der Strukturformel der Elektron-Protonkollision konnte man folgern, dass das Proton aus einer Unterstruktur von punktförmigen Teilchen besteht. Mehr konnte man nicht aus den Elektronen-Protonenkollisionen über die Eigenschaften der Quarks ableiten. Denn zischen dem Elektron und dem Proton findet eine elektrische Wechselwirkung statt. Diese Wechselwirkung erschwert es, Aussagen über die Ladung der Quarks zu machen. Das wirkt sich auch auf die Strukturfunktion aus. Da die beiden Wechselwirkungspartner ein magnetisches Moment und eine elektrische Ladung innehaben, jedoch von unterschiedlicher Struktur sind, besteht die Strukturformel aus einem elektrischen und einem magnetischen Teil.[30] Die Ladungsunterschiede zwischen Elektron und Proton wirken sich also massiv auf die Berechnungen aus. Deswegen begann man mit Experimenten, die das Neutron nutzten um das Proton zu ersetzen. Da das Neutron an sich neutral geladen ist, konnte man mit Streuexperimenten feststellen, ob die Ladung der Nukleonen von ihrer Substruktur, also den Quarks, kam oder nicht. Tatsächlich kam man zu dem Ergebnis, dass man im Inneren der Neutronen Ladungen zu berücksichtigen hatte. Damit hatte man schon alles was man brauchte. Denn da

---

[28] Hänsel 1995, S. 561
[29] Musiol 1988, S. 884
[30] Hänsel 1995, S. 561

man wusste, dass Neutronen nach außen hin elektrisch neutral sind, mussten sich die Ladungen der einzelnen Quarks gegenseitig aufheben. Jedenfalls im Fall des Neutrons. Im Fall des Protons mussten sie sich zur positiven Ladung aufaddieren. Die Tatsache, dass man innerhalb der Neutronen Ladungen feststellen konnte, aber das Neutron an sich neutral geladen ist, bedeutet das mehr als ein Quark Nukleonen bilden. Wie viele Quarks ein Nukleon bilden, konnte man mit dem Isospin der Quarks herausfinden. Den Isospin der Quarks ermittelte man, indem man das Verhältnis des elektrischen Anteils zum magnetischen Anteil der Strukturformel bildet. Dabei bekam man den Wert 0,5. Dieser Wert war zu erwarten, da Protonen und Neutronen ebenfalls einen Spin von 0,5 innehaben und der Spin ihrer Bestandteile muss sich zu ihrem Spin aufaddieren. Da man nun wusste, dass Quarks entweder einen Spin von -0,5 oder +0,5 innehaben können und man schon herausgefunden hatte, dass Nukleonen aus mehr als einem Quark bestehen, konnte man daraus schlussfolgern, dass jedes Nukleon aus einer ungerade Anzahl an Quarks die größer als eins ist, bestehen müssen.[31] Bei genauerer Betrachtung der Formfaktoren bei höheren Impulsen der Elektronen kam man dann zu dem Schluss, dass tatsächlich der einfachste Fall zutrifft und Nukleonen aus drei Konstituenten bestehen.[32] Mit dem Wissen über die genaue Anzahl an Quarks in einem Nukleon konnte man auch ihre elektrische Ladung ableiten. Ein Quark muss immer eine drittel Ladung des Hadrons, das es mitbildet innehaben. Quarks können elektrisch nicht neutral sein, da man das vorhanden sein von Ladungen mittels Streuexperimenten und Experimenten in Nebelkammern nachgewiesen hatte.[33] Sie können also nur elektrisch positiv oder negativ geladen sein. Das elektrisch positive Quark nannte man Up-Quark und das elektrisch negative Down-Quark. Auf die genaue Ladung des Up und Down Quarks konnte man durch Logik schließen. Quarks können nicht alle den gleichen Ladungsbetrag haben, da man dann nicht die Ladung von Protonen und Neutronen bilden kann. Es muss also ein Teilchen mit stärkerer Ladung geben. Des Weiteren muss das positive Teilchen elektrisch stärker geladen werden. Wäre das elektrisch negativ geladene Teilchen stärker geladen, könnte man mit drei Teilchen kein Proton mit einer einfachen positiven Ladung bilden. Deswegen und weil Quarks immer eine drittel Ladung

---

[31] Hänsel 1995, S. 561
[32] Musiol 1988, S. 882
[33] https://www.zeit.de/1970/19/von-der-mehrfachen-entdeckung-der-quarks

haben, konnte man die Ladungen des Down Quarks $(-\frac{1}{3})$ und die des Up Quarks $(+\frac{2}{3})$ festlegen.

3.1 Das Quarkflavour

Neben der elektrischen Wechselwirkung, der schwachen Wechselwirkung und natürlich der Gravitation unterliegen Quarks ebenfalls der starken Wechselwirkung, welche durch das Gluon vermittelt wird.[34] Bei der Untersuchung der Quarks gab es schnell Hinweise, dass die Quarks noch eine weitere Ladung brauchen. Zum Beispiel wurde schnell klar, dass Quarks ebenfalls dem Pauli Prinzip unterliegen, da es sich bei Quarks um Fermionen handelt. „[Das] Pauli Prinzip [das] besagt [!] daß sich zwei Fermionen, also Teilchen mit halbzahligem Spin (…) nicht im gleichen Zustand befinden dürfen."[35] wurde beispielsweiße angewendet um das Problem des drei s-Quarks zu lösen. Dieses Teilchen unterliegt dem Pauli Prinzip, jedoch stimmen all seine Quantenzahlen überein, was nach dem Pauli Verbot nicht möglich ist. Deswegen löste man das Problem mit der Einführung einer neuen Ladung. Diese Ladung nannte man Farbladung.[36] Diese Namensgebung verdankt diese Ladung dem Prinzip der Komplementärfarben. Denn Hadronen sind immer aus drei Quarks aufgebaut. Diese drei Quarks müssen alle eine unterschiedliche Farbladung innehaben, welche sich jedoch nach außen hin aufhebt. Man gab den drei verschiedenen Farbladungen also die Bezeichnung rot, blau und grün. Denn wenn man diese drei Farben vermischt, ergeben sie die Farbe weiß. Auf die Quarks bezogen bedeutet dies das man drei Quarks mit unterschiedlichen Farbladungen braucht, um ein neutrales Hadron bilden zu können. Wichtig bei diesem Modell ist, das kein Teilchen eine weiße also neutrale Farbladung innehaben kann. Eine Neutrale Farbladung kann nur durch mehrere Teilchen entstehen. Das Proton nimmt so gesehen also nicht an der starken Wechselwirkung teil, sondern nur seine Strukturteilchen. Es gibt jedoch noch andere Möglichkeiten, die Neutrale Farbladung zusammen zu mischen. Denn neben den Farbladungen rot, grün und blau gibt es auch noch die Farbladungen antirot, antigrün und antiblau. Wie es der Name schon verrät, sind diese Farbladungen ein Attribut

---

[34] Grehn 2010, S. 111
[35] https://www.spektrum.de/lexikon/physik/pauli-prinzip/10966
[36] http://erlangen.physicsmasterclasses.org/sm_et/sm_et_qua3.html

der Antimaterie, also der Antiquarks. Und mit der Einführung der Antimaterie kommt auch noch ein zweiter Weg, die neutrale Farbladung zu erzeugen, ins Spiel. Denn die Farbladung eines Antiquarks und die dazu passende Farbladung eines normalen Quarks heben sich gegenseitig ebenfalls auf und werden neutral. Damit konnte die Existenz der sogenannten Mesonen gerechtfertigt werden. Mesonen sind Teilchen, die aus nur zwei anstatt drei Quarks bestehen. Diese Kombination ist nur möglich, wenn das Meson aus einem Quark und seinem passendem Antiquark besteht, denn nur dann können sich auch die Farbladungen gegenseitig aufheben. Zum Beispiel braucht man ein Up Quark mit roter Farbladung und ein Anti-Up Quark mit der Farbladung antirot damit sich die Ladungen ausgleichen.[37]

Die starke Wechselwirkung und damit die Farbladungen halfen ebenfalls bei der Erklärung eines weiteren Phänomens der Quarks, dem Confinement.

3.2 Confinement

Quarks besitzen eine bis jetzt einzigartige Eigenschaft, sie können nicht frei existieren.[38] Das bedeutet, dass sie nicht wie beispielsweiße Protonen allein und somit frei existieren können. Diesen Umstand erklärte man sich mit den Farbladungen. Wie weiter oben schon erwähnt, braucht ein Teilchen nach außen hin immer eine neutrale, also weiße Farbladung. Diese Farbladung kann jedoch nur durch die Kombination von mindestens zwei Farbladungen entstehen, somit ist es unmöglich, dass ein einzelnes Quark neutral geladen und damit frei ist. Doch regeln sind da um gebrochen zu werden und so starteten Wissenschaftler Versuche, um herauszufinden, wie sich Quarks verhalten, wenn man sie mit Gewalt auseinander reist. Bei eben solchen Versuchen mit Mesonen blieben die Quarks erst störrisch. Auch wenn man die Quarks voneinander entfernte, blieb die starke Kraft zwischen den Quarks konstant. Jedenfalls so lange bis den beiden genug Energie zugeführt worden war. Dann konnte man zwar die Bindung zwischen den beiden trennen, jedoch entstanden durch die Mengen an zugeführter Energie jeweils ein neuer Wechselwirkungspartner, also ein neues Quark und Antiquark. Man kann Quarks also trennen, jedoch heißt das nicht, dass man sie dann einzeln beobachten kann. Denn durch Einsteins

---

[37] Grehn 2010, S. 110
[38] Bethge 1986, S. 338

Energie-Masseäquivalenz kann einfach ein neuer Wechselwirkungspartner erzeugt werden.[39] Dieser Umstand bestätigt jedoch das Modell der Farbladungen.

3.3 Die Generationen der Quarks

Auch wenn es der Sinn eins fundamentalen Teilchens ist, dass es möglichst wenige gibt, sind da noch mehr als die bis jetzt genannten beiden. Im Laufe der

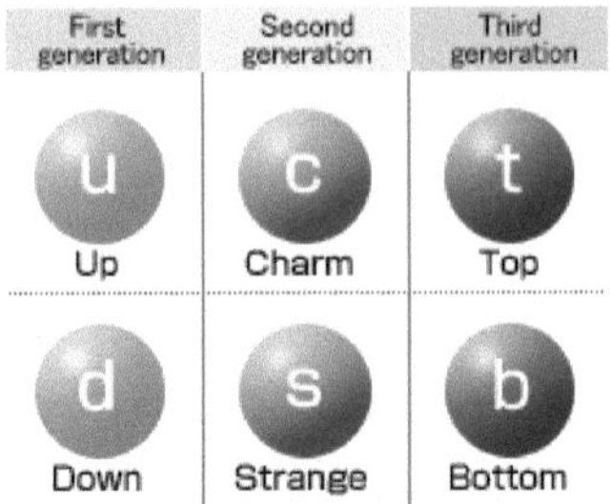

letzten Jahrzehnte konnten noch vier weitere Typen nachgewiesen werden. Da all diese verschiedenen Arten von Quarks sich jedoch in ihren meisten Eigenschaften ähneln, gibt es zum Beispiel immer nur zwei Möglichkeiten für die elektrische Ladung eines Quarks, wurden sie in drei Generationen aufgeteilt.

Abb. 4 Quark Generations   Quelle:

Die Aufteilung der Quarks in die jeweiligen Generationen orientiert sich an den Massen der Quarks. Die erste Generation besteht aus dem Up und dem Down Quark, welche die geringste Masse besitzen. Die zweite Generation besteht aus dem Strange und dem Charm Quark und das Bottom und das Top Quark bilden die dritte Generation. Dabei fällt auf, dass die Massen der einzelnen Quarks sich nicht nur von Generation zu Generation unterscheiden, sondern dass sich auch die Massen der Quarks innerhalb einer Generation mal mehr mal weniger unterscheiden. Umso höher die Generation, desto stärker ist auch der unterschied der Massen zwischen den beiden Teilchen der Generation. Während der Unterschied in der ersten Generation schon fast vernachlässigbar ist, ist der die Masse des Charm Quarks in der zweiten Generation mehr als dreimal so groß wie die des Strange Quarks. In der dritten Generation ist dieser Unterschied sogar noch gewaltiger. Des Weiteren nimmt die Lebensdauer der einzelnen Quarks mit zunehmender Generation ab. Hierbei verhält es sich ähn-

---

[39] Musiol 1988, S. 949-950

lich wie im Periodensystem der Elemente. Denn umso massereicher ein Atom ist, desto instabiler ist es. Ein kurzer Blick auf das Periodensystem zeigt, dass nahezu alle Atome mit einer Masse über 200 u instabil, also radioaktiv sind.

Diesen Umstand kann man auch auf die Lebensdauer der Quarks ummünzen. Mit zunehmender Generation nimmt die Masse der Quarks zu. Denn während Up und Down Quark mehr oder minder stabil sind, immerhin bilden sie ein solch essentielles Hadronen wie das Proton, beträgt die Lebensdauer des Top Quarks nur wenige Bruchteile einer Sekunde.[40]

4. Ist das Quark das kleinste?

Wie durch die oberen Kapitel wohl schon ersichtlich ist, ist das Quark ein sehr gut erforschtes Teilchen. Es passt perfekt in das Standardmodell und in Experimenten verhält es sich wie vorhergesagt. Die Quarkforschung hat sich längst weiterentwickelt. Einfache Hadronen erforschen war gestern. Man ist sich mit den Hadronen schon so sicher, dass man sich jetzt an die Erschaffung und Erforschung neuer Quarkzustände macht. Ein Beispiel ist die Erforschung des Quark-Gluon-Plasmas. Hierbei handelt es sich um ein Hadron im Zustand extrem hoher Dichte und Temperatur. Es soll hierbei der Zustand Mikrosekunden nach dem Urknall simuliert werden. Das Interessante hierbei ist, dass man das Quark in diesem Zustand asymptotisch frei, also quasi frei beobachten kann. Eigentlich ist es wegen dem Confinement nicht möglich Quarks separiert zu beobachten. Das Quark-Gluon-Plasma ermöglicht dies jedoch. Dieser Zustand bietet der Wissenschaft eine vollkommen neue Möglichkeit der Erforschung der Quarks. Vor allem ist er jedoch eine Bestätigung der Quantenchromodynamik. Des Weiteren verbringen Teilchenphysiker ihre Zeit, Quarkmultipletts zu erzeugen. Dabei handelt es sich um Teilchen, die nicht aus zwei oder drei, sondern aus vier fünf oder vielleicht noch mehreren Quarks bestehen. Die Erzeugung von Penta- und Tetraquarks war zu weilen ein voller Erfolg, jedoch ist deren durchschnittliche Lebensdauer sehr gering.[41] Die Quarks halten sich also ganz gut als funktionierendes Modell. Einige Grundlegende Fragen konnten geklärt werden und die wenigen Unstimmigkeiten wie der signifikante Unterschied zwi-

---

[40] https://www.weltderphysik.de/gebiet/teilchen/bausteine/das-top-quark/
[41] Wolschin 2016, S. 66-73

schen der Masse aller Quarks eines Hadrons und dem Hadron an sich, konnte auch erklärt werden. Des Weiteren gibt es bis jetzt keine Anzeichen von kleineren Teilchen und Quarks gelten nach wie vor als strukturlos. Natürlich gibt es einige Theorien, die kleinere Strukturen voraussagen. Ein Beispiel dafür wäre die Stringtheorie, welche winzige eindimensionale Fäden prognostiziert, welche durch ihre Schwingungen Materie entstehen lassen.[42] Jedoch gibt es für keine dieser Theorien einen empirischen Beweis. Das Quarkmodell jedoch wurde schon mehrfach belegt. Nach dem heutigen Wissensstand gilt das Quark als das fundamentalste Materieteilchen und in näherer Zukunft wird sich an dieser Ansicht auch nichts ändern. Denn auch wenn sich in der Wissenschaft oft Meinungen ändern, steht das Modell der Quarks mit beiden Beinen fest auf dem Boden und ähnliche Unstimmigkeiten wie damals bei den Hadronen, also Fundamentalteilchen, gibt es auch noch nicht.

---

[42] https://www.weltderphysik.de/gebiet/teilchen/bausteine/jenseits-des-standardmodells/stringtheorie/

5. Literaturverzeichnis

Bücher:

Bethge, Klaus; Schröder, Ulrich: Elementarteilchen und ihre Wechselwirkungen, 1. Auflage, Darmstadt: Wissenschaftliche Buchgesellschaft Darmstadt, 1986

Feynman, Richard Phillips: Sechs physikalische Fingerübungen, 6. Aktualisierte Auflage, München: Piper Verlag GmbH, 2017

Grehn, Joachim; Krause Joachim: Metzler Physik 12 Ausgabe Bayern, 1. Auflage, Braunschweig: Westermann Schroedel Diesterweg Schöningh Winklers GmbH, 2010

Greiner, Walter; Schäfer, Andreas: Theoretische Physik Band 10: Quantenchromodynamik Ein Lehr und Übungsbuch, Band 10, 1. Auflage, Frankfurt am Main: Verlag Harri Deutsch, 1989

Hänsel, Horst; Neumann, Werner: Physik Atome-Atomkerne-Elementarteilchen: mit 30 Tabellen/mit Übungsaufgaben von Erich Hudl und Rudolf Renner, Band 3, 1. Auflage, Heidelberg; Berlin; Oxford: Spektrum Akademischer Verlag, 1995

Meyer, Lothar; Schmidt, Gerd-Dietrich: Physik Lehrbuch für die Klasse 9 Gymnasium Bayern, 1. Auflage, Berlin; Bamberg: DUDEN PAETEC GmbH, C. C. Buchners Verlag GmbH und Co.Kg, 2007

Musiol, Gerhard; Ranft, Johannes; Reif, Roland; Seeliger, Dieter: Kern- und Elementarteilchenphysik, 1. Auflage, Weinheim; New York; Cambridge; Basel: VCH, 1988

Internetseiten:

Kobayashi, Makoto: When Imagination Turns into Reality, Internetseite: http://global.jaxa.jp/article/interview/vol43/p2_e.html, erschienen 2003, aufgerufen am 05.11.2018

Kröninger, Kevin: Das Top-Quark, Internetseite: https://www.weltderphysik.de/gebiet/teilchen/bausteine/das-top-quark/, erschienen am 31.03.2016, aufgerufen am 05.11.2018

Rudolph, Dennis: Demokrit Atommodell, Internetseite: https://www.frustfrei-lernen.de/chemie/demokrit-atommodell.html, erschienen am 28.12.2017, aufgerufen am 05.11.2018

Schomerus, Volker; Flegel, Ilka: Stringtheorie, Internetseite: https://www.weltderphysik.de/gebiet/teilchen/bausteine/jenseits-des-standardmodells/stringtheorie/, erschienen am 25.08.2009, aufgerufen am 04.11.2018

Thwaites, Barnabas: Klein, kleiner, am kleinsten? Die Entdecker der Quarks wurden geehrt – ihre Suche nach elementaren Bausteinen geht weiter, Internetseite: https://www.zeit.de/1990/44/klein-kleiner-am-kleinsten, erschienen am 26.10.1990, aufgerufen am 04.11.2018

Urst, Walter: Von der mehrfachen Entdeckung der Quarks, Internetseite: https://www.zeit.de/1970/19/von-der-mehrfachen-entdeckung-der-quarks, erschienen am 08.05.1970, aufgerufen am 04.11.2018

Willig, Hans-Peter: Cosmos indirect – Physik für Schüler: Wirkungsquerschnitt, Internetseite: https://physik.cosmos-indirekt.de/Physik-Schule/Wirkungsquerschnitt, erschienen am 27.09.2017, aufgerufen am 04.11.2018

Wagner, Walter: Der Welle-Teilchen-Dualismus, Internetseite: http://daten.didaktikchemie.uni-bayreuth.de/umat/welle-teilchen/welle-teilchen.html, erschienen am 28.11.2016, aufgerufen am 05.11.2018

o.V. (a): Lexikon – D,E und F, Internetseite: http://erlangen.physicsmasterclasses.org/lexikondf.html, erschienen am 28.03.2003, aufgerufen am 04.11.2018

o.V. (b): Lexikon der Physik: Pauli Prinzip, Internetseite: https://www.spektrum.de/lexikon/physik/pauli-prinzip/10966, erschienen 1988, aufgerufen am 04.11.2018

o.V. (c): Die Quarks im Standard-Modell – Quark-Kombinationen und Farbladung, Internetseite: http://erlangen.physicsmasterclasses.org/sm_et/sm_et_qua3.html, erschienen am 28.03.2003, aufgerufen am 04.11.2018

o.V. (d): Angeregte Zustände und Co. – Resonanzen, Internetseite: http://erlangen.physicsmasterclasses.org/msm_wirkq/msm_wirkq_zus3.html, erschienen am 28.03.2003, aufgerufen am 04.11.2018

o.V. (e): Die Teilchen des Standard-Modells – Der Spin, Internetseite: http://erlangen.physicsmasterclasses.org/sm_et/sm_et_03a.html, erschienen am 28.03.2003, aufgerufen am 04.11.2018

o.V. (f): Lexikon der Physik: Squarks, Internetseite: https://www.spektrum.de/lexikon/physik/squarks/13713, erschienen 1988, aufgerufen am 04.11.2018

Zeitschriftenaufsätze:

Wolschin, Georg: Teilchenphysik: Den Multiquarks auf der Spur, in Spektrum der Wissenschaft, vom September 2016, S. 66 - 73